지난 줄거리

우유니 사막으로 간 셜록 일행과 루팡은 크라이머와 대결을 펼치던 중에 루팡의 어릴 적 친구였던 레이첼을 만났다. 루팡은 레이첼로부터 크라이머가 루팡의 진짜 아버지이며, 지금 나투라 행성에 있는 에리직톤 폐하는 복제 인간이라는 사실을 듣게 되었다. 크라이머에게 용서를 구한 루팡은 그렇게 아버지와 다시 만나게 되고, 임페리우스의 맹공격에 셜록과 루팡 일행은 공포의 성으로 도망을 갔다. 공포의 성은 나투라 행성의 비밀 안가이며, 좀비들이 득실거리는 곳이었다. 공포의 성에서 다시 임페리우스를 맞닥뜨린 셜록과 루팡은 최후의 대결을 펼쳤다. 뒤늦게 나타난 크라이머의 희생으로 셜록과 루팡 일행은 지구로 피신을 하고 ……. 셜록과 루팡, 이들의 운명은 어떻게 되는 걸까?

차례

스토리텔링 영역별 학습만화 시리즈 – 확률 · 통계 · 규칙성 편

수학 탐정 셜록

SHERLOCK

8권

이 만화의 주인공은 셜록입니다.
셜록은 역사상 가장 유명한 탐정소설 시리즈인
셜록 홈즈(Sherlock Holmes)에서 그 이름을 쓴 것이랍니다.
영국의 아서 코난 도일이 쓴 이 추리 소설은 영국을 무대로 한 흥미진진하고 스릴 넘치는 소설이며
처음 발간된 지 100년이 훨씬 더 지났지만 아직도 전 세계의 수많은 사람들이 읽고 있습니다.

셜록의 라이벌로 등장하는 의문의 우주 소년 루팡은 역시 홈즈와 같은 시대에 발표되어
인기를 누렸던 프랑스의 모험 추리 소설인 모리스 르블랑의 **아르센 뤼팽**(Arsène Lupin)에서 이름을
지었습니다. 재미있게도 셜록은 범인을 잡는 탐정이지만 루팡은 도둑입니다.
별명이 '괴도 루팡'인데 이것은 괴상한 도둑이란 뜻입니다.

이 만화에서 또 한 명의 유명 인사가 등장하는데 그녀가 바로 애거서입니다.
에기서는 위의 두 캐릭터처럼 소설 속의 등장 인물이 아닌 실제 소설가에서 이름을 빌려 왔습니다.
영국의 추리 소설 작가인 **애거서 크리스티**(Agatha Christie, 1890년~1976년)는
추리 소설의 여왕으로 존경 받고 있습니다. 그녀의 소설 속의 명탐정은 '에르퀼 푸아로'입니다.
셜록 홈즈 못지않은 실력의 명탐정이랍니다. 하지만 아쉽게도 이 만화에는 등장을 하지 않습니다.

자, 이 세 명의 주인공들이 펼치는 흥미진진하고
손에 땀을 쥐게 하는 모험과 스릴의 세계로 떠나 볼까요?

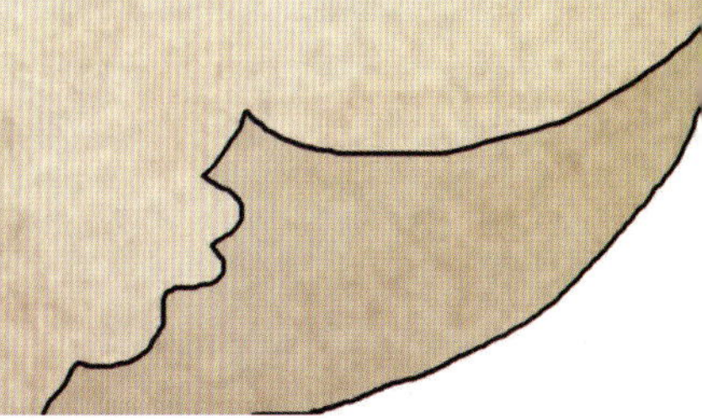

등장 인물

◀ 셜록
레인저 탐정단의 리더,
활발하고 긍정적인 성격이며
이 만화의 주인공이다.

◀ 왓슨
셜록의 단짝 친구,
방귀 문제로 고민을 하던 왓슨에게
운명의 짝이 나타났다.

▲ 스칼렛
자신이 뱀파이어라고 믿는 소녀,
레인저 탐정단에 새로 들어왔다.
심한 축농증을 앓고 있다.

▲ 애거서
레인저 탐정단의 꽃,
셜록에게 자신이 좋아하는 마음을
본격적으로 드러내기 시작했다.

8권 꺾은선그래프

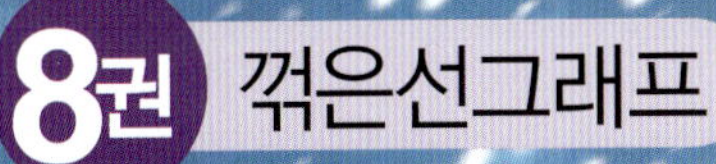

만년설이 숨긴 열쇠

[꺾은선그래프] 학습 내용

우리의 일상생활 속에는 매우 많은 자료들이 있습니다.
수많은 자료를 정리하고 이를 쉽게 비교하기 위해서는 표와 그래프가 필요합니다.
표는 각 항목별로 조사한 수와 합계를 알아보기 쉽고, 꺾은선그래프는 일정 시간 동안 자료의
변화하는 모습을 효과적으로 파악할 수 있습니다. 따라서 꺾은선그래프는 온도, 키, 몸무게,
물의 양, 연필의 길이 등의 변화를 나타낼 때 사용합니다.
학생들로 하여금 수집한 자료를 어떤 그래프로 표현할지 지도하도록 합니다.

프롤로그(Prologue)

*기억 상실증 : 이전의 어느 기간 동안의 기억이 사라져 버리는 일.

제1화
스칼렛의 등장

우리는 이제
4학년이 되었어.

행복 초등학교
딩동
댕동

우리가 벌써 4학년이
되었다니, 시간이 정말
빨리 가는 거 같아.
그러게.
올해도 우리는
같은 반이구나.

하지만 얘거서와
저 녀석도 같은 반
이라니…….
뭐가 어째?!
째릿!
나도?!

그리고
담임 선생님까지
그대로야!
올해는 반드시
장가를 갈 거야!
씨익

한 가지 반가운 건 아름다운 레이첼이 같은 반이 된 거지.
그런데 왠지 레이첼은 누나 같은 느낌이 들어.
빠질
꺄아~
두근
두근

이상하다. 누가 빠진 것 같은데…….

앗! 그리고 보니 으뜸이가 안 보이네. 설마 으뜸이만 다른 반으로 갔나?
두둥!
예전 으뜸이 자리

나 불렀냐?
척─
쿵!
으뜸이까지 그대로야.

자자~ 여러분들도 이제 4학년이 되었으니 좀 더 멋진 학교 생활이 될 수 있도록…….
딩동
댕동
후다닥
우와아~ 수업 끝났다!
에휴~ 올해도 수업을 제대로 하긴 글렀구나.

동아리 방
으뜸이가 화장실 간 사이에 장난감 검색이나 해 봐야지.
탁탁
탁-

사뿐
사뿐

저~ 실례합니다.

여기가 탐정 동아리 방 맞나요?
짜안!
스칼렛
자신이 뱀파이어라고 믿는 소녀, 햇볕과 마늘을 싫어하고 빨간색 음료를 좋아함.

헉! 미녀가 하필 나 혼자 있을 때?!
쿠킹!
꾸르륵
꾸르륵
크으윽~ 안 돼. 내 장아 제발 좀 참아다오.
저는 3학년 스칼렛이라고 해요. 잘 부탁해요.
뿔뿔~

*축농증 : 콧물이 자주 나와서 코가 막히는 증상.

어쨌든 탐정단 동아리에 온 걸 환영해! 난 4학년 왓슨 이라고 해.
뿡 뿡ㅡ

그런데 그건 왜요? 혹시 저한테서 무슨 냄새가 나나요?
아, 아냐! 절대 그런 거 아니야.
킁킁~

반가워요, 오빠! 전 추리물을 엄청 좋아해서 탐정단에 가입하려고 온 거예요.

혹시 탐정단에 가입하려면 어떤 조건이 있나요?
딱히 그런 건 없지만…….
뿡ㅡ 뿡ㅡ

탐정단의 핵심 역할을 맡고 있는 내가 허락한다면 바로 가입이 가능해.

정말요? 왓슨 오빠의 허락만 있으면 된다고요?
그럼 저도 가입시켜 주세요. 오빠~
음하하~ 이거 고민되는걸~
푸스스스ㅡ
크으윽~ 누가 똥을 싼 거 같아.

한편, 화장실에서 변비로 고생 중인 으뜸이
끙끙~
이 지독한 변비…….

성공이다!
뿌직!

휴우우~ 드디어 화장실을 나갈 수 있겠어.
추욱~

정말 지긋지긋한 변비야. 어휴~
스으윽

두둥!
허걱?!

휴, 휴지가 없잖아!

왓슨~ 나 좀 도와줘! 제발!
화장실

충성! 오늘부터 왓슨 선배의 제자로 임명 받았습니다.
탐정단에 들어온 걸 환영해.

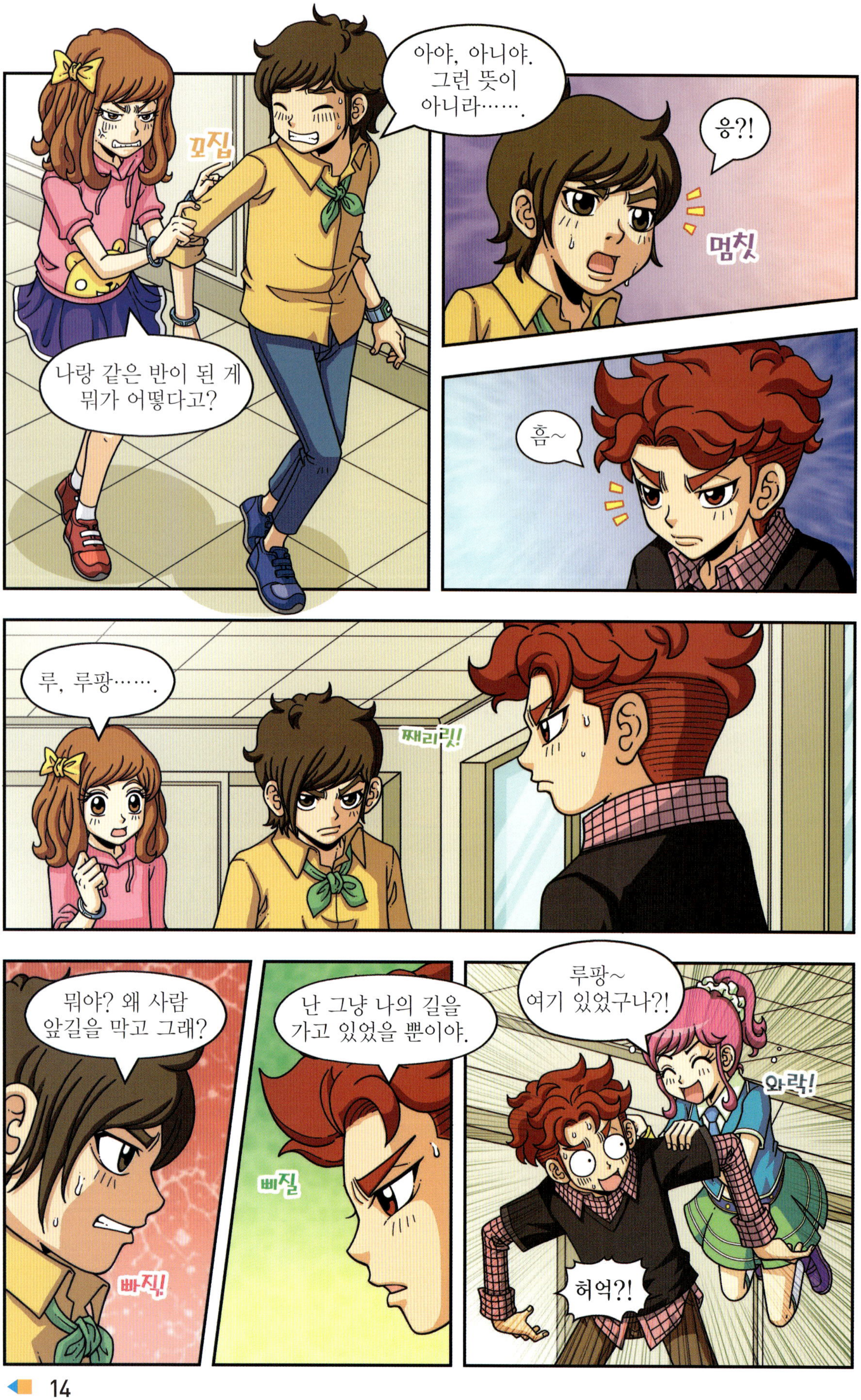

아야, 아니야. 그런 뜻이 아니라……
꼬집
나랑 같은 반이 된 게 뭐가 어떻다고?
응?!
멈칫
흠~
루, 루팡…….
째리릿!

뭐야? 왜 사람 앞길을 막고 그래?
난 그냥 나의 길을 가고 있었을 뿐이야.
루팡~ 여기 있었구나?!
빠직!
삐질
와락!
허억?!

내가 계속 찾았어.
앞으로 잘 지내 보자.
내 사랑~
뭐? 내 사랑?
저 녀석이 언제부터
레이첼이랑 사귀기
시작한 거지?
찰싹

그래. 솔직히
네 여자 친구가
더 예쁘다.
뭔 소리야?
투덜

빼액~
내가 어디가
어때서 그래?!
장난이었어.
후다닥

짜증 나는
커플이군.
애거서 성격도
장난 아니네?
삐질~

그나저나
누나는 왜 같은
학년으로 온 거죠?
뭐 어때?
동생들하고 같은
학년에서 생활하는 것도
나름 재밌는데.

넌 앞으로 다른 여자한테 눈동자도 굴리지 마. 알겠어?
터벅
터벅
난 사귀자고 말한 적도 없는데…….

어쨌든 오늘은 탐정 동아리 방에서 모이기로 했으니까 들어가 보자.
동아리

응?!
멈칫

탐정단 애들이야.
오오옷! 새로운 미녀!
깜짝!

뭐라고?!
아니, 그게 아니라 새로운 인물이 와 있네? 하하~
찌릿!

안녕하세요? 전 탐정단에 새로 들어오게 된 3학년 스칼렛이라고 합니다.
쳐―

미녀에게 드리는 환영 선물! 아침에 갓 구운 마늘빵이야.
헉?!
척-
마늘빵

꺄아악~ 마늘이야!!
왜 그래?!
마늘빵
화들짝

꿀꺽
꿀꺽

휴우~ 깜짝 놀랐네.
스칼렛, 괜찮아?

죄, 죄송해요. 제가 마늘을 너무 싫어해서……
그, 그래?

그런데 이건 무슨 음료야?
깜짝
허걱?!

이, 이건 그냥 토마토 주스예요.
왝-

지독한
축농증이라고?
쿠킁!

네~ 어렸을 때부터
비염과 콧물에 시달렸더니
지독한 축농증 덕분에
냄새를 거의 못 맡아요.
삐질
그래서 왓슨의
지독한 방귀 냄새도
견뎌 냈던 거구나.

저 여자애 꽉 잡아!
너의 방귀 냄새도
견뎌 내는 여자라고~
꽉 잡긴 뭘
꽉 잡아?
소근
소근
스칼렛, 우리 탐정단은
애들 장난이 아니야.
진짜 사건에 뛰어들어
해결해야 한다고!
척-

네, 괜찮아요.
고고학자이신 저희
아버지를 따라서
어렸을 때부터 세계 여러
곳곳을 다녔었어요.
고고학자시라고?
거기다가 세계
곳곳을 다녔다고?!

그때 얻었던 경험들을 살려 탐정단에 도움을 드리고 싶어요.
척—

샤샥—
당연히 큰 도움이 될 거야!

그리고 스칼렛은 존재 자체만으로도 우리 탐정단에 엄청난 활력을 불어넣어 줄 거야.
정말요?!
그럼, 그럼~ 이미 탐정단의 핵심인 내가 결정한 사항이야.
찡긋!

저것들이……
그래. 그렇다면 앞으로 잘해 보자.

고마워요. 언니~
와락!
으앗?!

탐정단에 도움이 되도록 최선을 다할게요!
방긋

저도 외동딸이에요. 그동안 외로웠는데 …….
너 그런데 혹시 언니 있니? 난 외동딸이야.

좋아! 앞으로 날 따르도록 해.
그럴게요. 언니~
좋았어! 새로운 멤버가 생겼으니 오랜만에 파이팅 한번 외쳐 볼까?

우리들은 정의의 레인저 탐정단!
파이팅!
파잇!

그런데 아까부터 뭔가 좀 허전한데, 파이팅 포즈도 어색하고…….
갸우뚱

왜 아무도 몰랐던 거지?
으뜸이가 안 보이네?!
깜짝
삐질~

화장실
아이고, 냄새~ 어떤 녀석이 물을 안 내린 거야?
슥슥ー

하여간에 정말 개구쟁이 녀석들이야.

끼이익

엄마야! 깜짝이야!!
둥둥!
가지 마세요! 제발 휴지 좀 갖다 주세요.
화장실
엄마야~ 사람 살려!

삐이익~
와아아!
즐거운 체육 시간이 돌아왔습니다!
파앗―
이 녀석들, 일반 수업은 그렇게 재미없어 하더니…….

오늘은 철봉을 이용해서 운동하는 것을 배울 거란다.
이렇게 철봉에서 운동을 하면 팔과 어깨의 힘을 기를 수 있어.
대롱
대롱

척―
또한 턱걸이를 열심히 하면 팔 근육과 등 근육이 발달하게 돼.

보거라! 철봉 운동으로 다져진 선생님의 이 팔 근육을!
푸하하하~ 근육이 어딨어요?!

자, 그럼 지금부터 턱걸이를 해 볼 텐데 누가 먼저 시범을 보여 줄래?
에헴!

어? 우리 반의 시범 조교 으뜸이가 안 나오네? 뭐든 자기가 최고라며 나올 텐데…….
웅성웅성
으뜸이, 아직 못 봤지?
응, 대체 어딜 간 거지?

선생님, 으뜸이 등장입니다!
탁탁
탁─

어디 갔었어?
그럴 일이 좀 있었어.
하아
하아

으음~
지독한 냄새!
삐질~
으뜸아, 괜찮아? 안색이 좀 안 좋아 보여.
문제없습니다. 전 아기 스포츠단 소속이었거든요.
불끈!

*수료 : 일정한 학문의 과정을 다 배워 끝냄.

더 이상은 못 하겠다!
하아~ 힘들어!
털썩

제법인데? 나름 체력이 괜찮은가 보군.
하아
홍! 내가 너보다 더 많이 한 거 알고 있지?

어쩜! 루팡 넌 역시 최고야!
으으읏~
부들
저 녀석들은 왜 운동까지 잘하는거냐고!
부들

막대그래프로 나타내기 좋은 경우는 '막', 꺾은선그래프로 나타내기 좋은 경우에는 '꺾'이라고 써 보시오.

㉠ 반별 학생 수 (   )   ㉡ 나이별 나의 키 (   )

㉢ 올림픽에서 나라별 금메달의 수 (   )

㉣ 개월 수에 따른 강아지의 몸무게 (   )

➡ 정답은 28쪽에

왓슨 오빠~
수업 잘 마쳤어요?
다다닷
오오옷!
엄청난 미녀다!

척—
누, 누구세요?
얼굴이 안 보…….

아, 이걸
쓰고 있어서
몰라보셨군요?
스윽
저예요!

화들짝
오오옷!
엄청난 미녀다!

포기해.
저 애는 왓슨이랑
잘 되어 가고 있어!
언제부터?!
좀 전에 봤는데?

그런데, 그 모자는
왜 쓰고 다니는 거야?
팔 토시도 끼고…….
아아~ 저 햇볕을
쬐기 싫어서요.
크으윽~
저런 미녀는 왜
내 옆에는 없는 거야!
우울해.
부들
부들

으뜸이네 집
째 째 째

똑똑
들어오너라.

아버님,
다녀왔습니다.
달칵

안색이 별로 안 좋아 보이는데 무슨 일 있었느냐?
째릿!

그냥 속이 조금 안 좋은 것 뿐입니다.
긁적
긁적

그렇다면 다행이구나. 오늘은 너에게 아주 중요한 얘기를 할까 한다.

우선 이걸 보거라.
엇?!
팟!

Quiz 정답 ㉠ 막 ㉡ 꺾 ㉢ 막 ㉣ 꺾

이, 이게
뭡니까?!

히말라야
워터 마운트! 일명
마르지 않는 샘!

두둥!

설마 히말라야에
저런 걸 짓는다는 건
아니겠죠?
역시
예리하구나.

이 사업만 진행되면
우리 SS그룹은 전 세계에서
가장 거대한 그룹이
될 수 있어.
찌잉

이건 너무 위험한 것
같은데요. 잘못되기라도 하면
SS그룹 전체가 망할 수도
있는…….

* 감수하다 : 괴로움 따위를 거리낌 없이 받아들이다.
* 임명 : 일정한 지위나 임무를 남에게 맡김.

*자격 : 일정한 신분이나 지위를 가지거나 일을 하는 데 필요한 조건이나 능력.

하아~

부르셨습니까?
회장님!
척-
김 비서,
어서 오게.

방금 으뜸이에게
그룹의 최대 프로젝트
사업을 맡겼네. 히말라야로
으뜸이와 함께 가서
그 아이를 도와주게.

그리고
이 모든 것은
사람들에게 비밀로
하고…….
커어어억!
쿨럭
쿨럭

파앗
회장님!
괜찮으십니까?!

으으윽~
괜찮아. 으뜸이에게 회사를
완전히 물려주기 전까지
내가 아프다는 걸
비밀로 해야 하네.
부들
부들
의사를
불러오겠습니다!

자기 엄마를 잃게 만든 슬픔을 그걸로 보상해 줄 수 있다면 난 만족하네.
그러니 으뜸이를 잘 도와서 꼭 이 사업을 성공해야 하네. 안 그러면 으뜸이가 위험하다고…….
탁탁
탁一
서둘러야겠어! 김 비서랑 가면 안전하겠지?
쿠오오오一

히말라야, 옥룡설산 부근

중국 사업자를 만나려면 꼭 이 산을 넘어야 한다는 말이지?
휘이이잉
그렇다네요. 중국 정부의 비밀 기지가 저기에 있대요.
어서 보호 장비를 착용해야겠어!

휘오오오-

으윽~ 눈보라 때문에 앞이 하나도 안 보여.
그, 그러게요.
비틀
비틀
큰일이다. 길을 잃어버린 것 같아. 어디로 가야…….
두리번
두리번

이런, GPS도 눈보라 때문에 먹통이야!
헉! 뭐지?!
빠지직!

으아악!!
콰르르르-
끼아악!!
도련님!
안 돼~!!
휘이이익

며칠 뒤, 애거서의 집
짹짹 짹—
애거서 언니, 저 왔어요!
어서 와, 스칼렛!

우와~ 여기 너무 멋있어요. 연구실 같아요.
연구실 맞아. 우리 아빠는 발명가시거든.

오오~ 귀여운 아가씨로구나.
안녕하세요~ 스칼렛이라고 해요.

그런데 요즘엔 그 눈썹 진하고 짜증나는 녀석이 보이질 않네?
으뜸이요? 요새 며칠째 결석이에요. 해외 여행 갔다는 것 같던데...
걔가 내가 일하는 SS그룹의 회장 아들이더구나.
깜짝!
네? 아빠가 다니는 회사의 회장님 아들이었다고요?!

들기로는 부회장이라고
하던데 요새
통 안보이더라고.
부회장이라니…….
평소에 좀 잘해줄 걸
그랬네요.
맞다! 아빠가 준
위치 추적기로 확인하면
어디쯤 있는지 알 수
있잖아요?
그렇기는한데
굳이 찾아볼 것
까지야.

어딘지 확인
해 볼까나?
탁탁
탁ㅡ

삑삑
위치 추적기에서
구조 요청을 보내고
있잖아?
삑ㅡ
구조 요청이요?
어디서요?

그, 그게
히말라야 산맥
근처야.
두둥!
히말라야
산맥이요?!

꺾은선그래프 알아보기

퀴즈 1

이번 화에서는 꺾은선그래프에 대해 알아봤어요.
꺾은선그래프에 대해 알았는지 확인해 볼까요?

(1) 꺾은선그래프에 ○표 하시오.

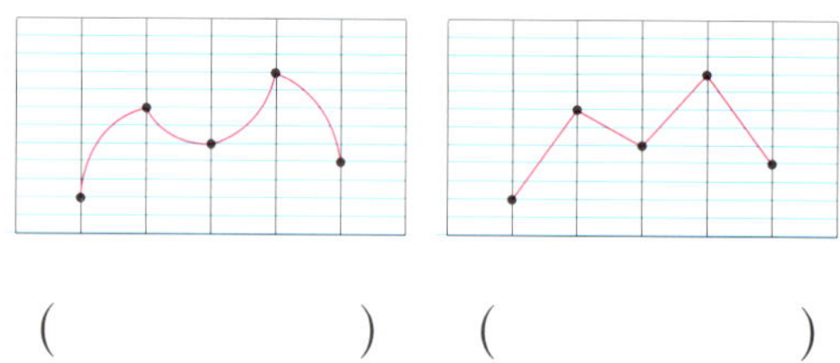

(   ) (   )

(2) (   ) 안에 알맞은 그래프의 이름을 쓰시오.

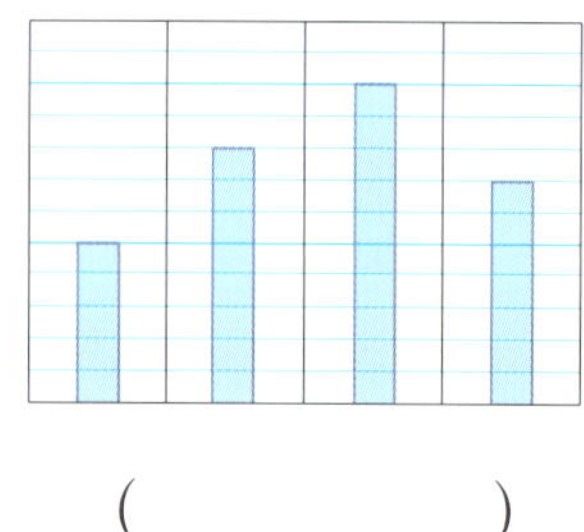 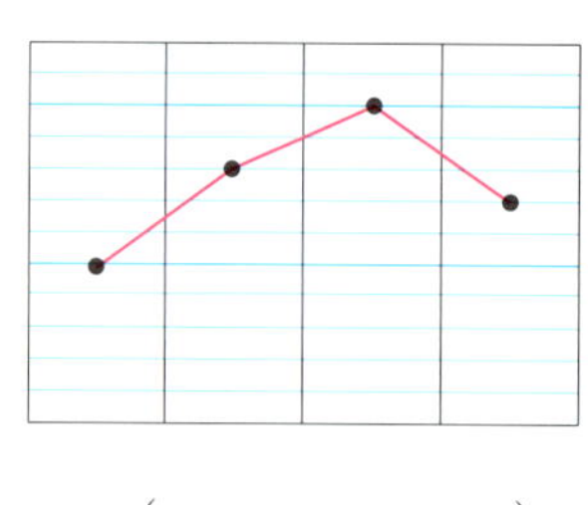

(   ) (   )

퀴즈 2

제가 매년 10월에 1년 동안 차인 여학생 수를
조사하여 나타낸 막대그래프예요. 물음에 답하세요.

연도별 차인 여학생 수

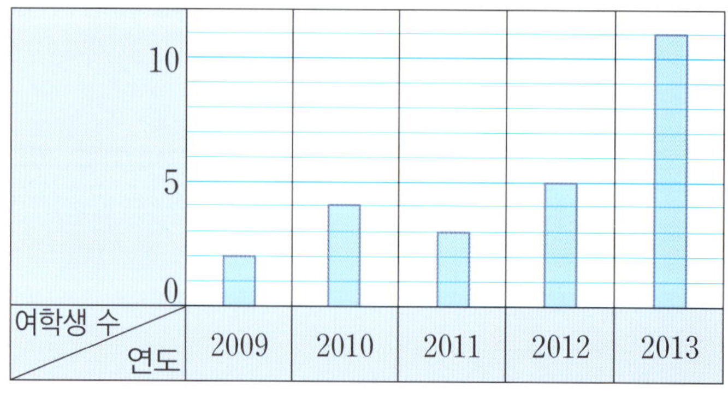

(1) 왓슨이 연도별로 차인 여학생 수를 표로 나타내시오.

연도별 차인 여학생 수

연도	2009	2010	2011	2012	2013
여학생 수					

(2) 각 막대의 윗쪽 끝 부분에 점을 찍고 그 점들을 선분으로 연결하여 꺾은선 그래프로 나타내시오.

연도별 차인 여학생 수

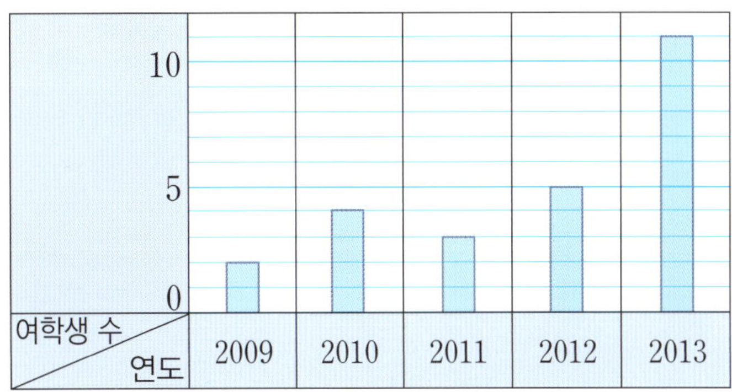

제2화
으뜸이가 실종되었다고?!

역시 주인공인 내가 죽을 리가 없지. 저 언덕만 올라가면 괜찮을 거야.
스으윽

으윽~ 허리가 너무 아파. 일어날 수가 없네.
이러면 몸을 움직일 수가 없는데…….
부들
부들

뜨끔!
허억?!

큰일이다. 이대로 두 시간만 있으면 얼어 죽을 텐데.
털썩
두 시간 안에 김 비서가 날 찾을 수 있을까?

세계 정복도 못 해 보고 이대로 끝나는 건가?

하아~ 보고 싶어요, 엄마.

이대로 끝나는 건 말도 안 돼.
척一

한편, 셜록네
누리반 친구들의 축구 시합
와아아아―

다다닷
아자자잣!!
막아야 돼!

막는다고
막아지는 게
아니야, 내 슛은!
뻥!
독수리 슛!!

촤악!

골인이다!

흥! 셜록, 너의 잘난 척도 거기까지다!
뭐야?! 패배를 인정 못 하겠다는 거야?

우리에겐 비장의 카드가 있다!
척ㅡ

후훗~ 비장의 카드가 겨우 그 녀석이냐?
루팡이잖아?

후후훗~ 진짜 축구를 보여 주마.

네가 아무리 열심히 뛰어 봐도 나의 독수리 슛에는 어림없다!
치지직
그만들 좀 해!
글쎄? 길고 짧은 것은 대 봐야 아는 법이지.

약 30분 후

하아
하아
이 녀석, 제법이구나.

저, 졌다.
나를 땀 흘리게 하다니…….
허억~ 힘들어. 루팡 쟤 진짜 엄청난 실력자였잖아?
두둥!

씨익
이제 알겠냐? 이게 바로 너와 나의 실력 차이야.

버럭!
진정해~
시끄러워! 잘난 체 하지 마!

꺾은선그래프를 그리는 차례대로 기호를 쓰시오.

㉠ 점들을 선분으로 연결합니다.
㉡ 가로 눈금과 세로 눈금을 무엇으로 할지 정합니다.
㉢ 세로 눈금 한 칸의 크기를 정합니다.
㉣ 가로 눈금과 세로 눈금이 만나는 자리에 점을 찍습니다.
㉤ 꺾은선그래프의 제목을 씁니다.

(   )

➲ 정답은 46쪽에

*냉철하다 : 생각이나 판단 따위가 침착하며 사리에 밝다.
*패인 : 싸움에서 지거나 일에 실패한 원인.

그게 결정적인 차이라니까!!
알았다, 알았어.

무슨 일이니, 애거서?
팟ー
셜록, 너 지금 어디니? 빨리 우리 집으로 좀 와!

으응?!
삐리릭

으뜸이가 실종되었어. 봄 방학 전에 며칠 간 안 보인다 했더니, SOS 구조 요청 신호를 보내고 있어.
그것도 히말라야에서~
뭐? 으뜸이가 구조 요청 신호를?
히말라야 산맥은 2,400km나 돼.

에이~ 뭐 별일 아니겠지. 그냥 여행 간 걸 거야.
뭐?!
빠직

생각보다 심각하니까 얼른 뛰어와!!
히익!
빼액~

Quiz 정답 ㉡, ㉢, ㉣, ㉠, ㉤

*험난하다 : 다니기에 위험하고 어렵다.

중국 서부의 가장 남단에 위치한 고산으로 해발 5596 m, 13개 봉우리로 이루어져 있고 최고봉은 산쯔더우래.
산에 쌓인 눈이 마치 한 마리의 은빛 용이 누워 있는 모습과 비슷해서 '옥룡설산'이라는 이름이 붙었대.

옥룡설산이라면 서유기에 나오는 손오공이 갇혀 있었던 그 산을 말하나 봐?
어머~ 왓슨 오빠 너무 유식해 보여요!

손오공의 피는 무슨 맛일까?
뭐?!

손오공이라면 드래곤볼에 나오는 그 손오공?!
파앗!
으이그~ 중국 명나라 때, 오승은이 지은 소설 서유기 몰라?

그나저나 무슨 일일까? 특수 손목시계로 아무리 연락을 해도 받지 않고 계속해서 구조 신호만 보내고 있어.

*무심하다 : 남의 일에 걱정하거나 관심을 두지 않다
*비례 : 한쪽의 양이나 수가 늘어나는 만큼 다른 쪽의 양이나 수도 늘어남.

*쌤통 : 남이 잘못된 것을 고소해 하는 뜻으로 이르는 말.

정말 우연히도 워터 마운트와 관련된 계약 서류는 모두 내 가방에 있어.

휴대폰도 꺼져 버렸군.
척-

워터 마운트의 계약은 나 김 비서가……. 아니, 차기 회장이 될 김 회장이 해낸다.
경영권을 빼앗으면 기존의 나 회장은 물론 나가게 되겠지.

정말 우연히도 전화가 안 돼서 으뜸이의 실종을 알릴 수도 없는 상황이야.

오늘은 정말 억세게 운이 좋은 하루야. 아하하하~

휘이이잉

저벅
저벅

저벅
저벅

척ー

스으윽

저벅
저벅

으음~
여긴?

저벅
저벅

뭐지? 저 거대한
몸집이 나를 여기까지
옮겨 준 건가?
그런데,
왜 돌아가는 거야?
사람 살려…….

목소리가
제대로 나오질 않아.
이젠 정말 끝인가?

너무 아프고
졸려.
휘이이잉

저벅
저벅

아니?!
멈칫

*행방불명 : 간 곳이나 방향을 모름.

포탈건
스튜어트 박사의 발명품으로, 포탈건을 사용하면
어디로든 공간 이동이 쉽게 가능하다.

박사님, 지난번처럼 포탈건이 또 고장나면 저희 정말 큰일 나요!
그럼, 그럼~ 이번엔 완벽할 테니 걱정 말아라.
추위와 땀으로부터 너희들의 체온을 지켜 줄 스튜어트표 방한복이다!
오오옷! 멋진데요?!
짜~안!
하하핫! 일반 방한복보다 가볍지만 성능은 훨씬 좋단다.
히말라야로 가면 엄청 추울까 봐 조금 겁났는데…….
활동하기도 엄청 편한데요?

또 한 가지! 이걸 입고 가렴.
꾸욱

좋았어!
레인저 탐정단
출동 준비 완료다!
척-

으뜸이를 찾아서
히말라야로
모두 출동!
우우웅-

우정의 포탈
발사~!
파이앗!

우와아앗~ 이거 엄청난데요?
이렇게 공간 이동이 가능해.
슈우우웅
휘이이잉

도착한 것 같아.
흐음~

너무 추워! 집에 갈래~
뜨아악~
덜덜덜~

정말 아름다운 풍경이야.

햇볕이 내리쬐지 않아 좋아.
스칼렛?
씨익

그나저나 으뜸인 어딨을까?
두리번
두리번
으뜸아! 으뜸아! 어디 있어?

근데, 뭔가 이상하지 않아? 여기엔 계곡 같은 게 보이지 않아.
그러게. 산의 정상인 것 같아.

아빠~ 포탈건 또 고장났어요!!
박사님~!
헉! 이 부품이 왜 여기 있지?

깊은 산 속, 루팡의 은신처
쿨쿨~
축구 경기를 뛰고 와서 한가롭게 낮잠을 즐기고 있는 루팡

일어나, 루팡!! 비상사태야!!
캉캉
캉!
벌떡
깜짝이야!

루팡, 큰일이야! 우리에게 최대의 위기가 찾아왔다고!

레이첼 누나, 무슨 일인데요?

*파렴치하다 : 염치를 모르고 뻔뻔스럽다.

그래서 어떻게 하려고요?
당연히 일을 해서 돈을 많이 벌어 와야지!

에이~ 초등학생인 제가 무슨 일을 할 수 있겠어요?
삐질

무슨 일이라니? 루팡, 네가 제일 잘하는 일이 하나 있잖아?
그게 뭔데요?
넌 나투라 행성, 최고의 탐정이었잖아? 그러니까 이곳에서도 탐정 일을 하면 되지 않겠어?

아하하하
행성 최고의 실력자에게 이런 작은 별의 사건 따위 식은 죽 먹기 아니겠어?!

그렇기는 하지만 어떻게 사건을 맡아요? 우린 여기에 아는 사람들도 없잖아요.

* 선각자 : 남보다 먼저 사물이나 세상일을 깨달은 사람.
* 뒤치다꺼리 : 뒤에서 일을 보살펴서 도와주는 일.

*기밀 : 외부에 드러내서는 안 될 중요한 비밀.

뭐야, 너! 자기 반 친구도 못 알아본 거야?
관심이 없어서~ 그런데 누나도 이제 같은 반인데……
뻘쭘~

히말라야 산맥에서 갑자기 연락이 끊어졌다네요.
긴급 배포된 거라 아직 ※인터폴에선 별 다른 움직임은 없어 보여요.

좋았어! 저 소년을 찾아 주고 현상금을 받아 오자!
결국, 현상금을 노리자는 거네.
탐정 일하고 거리가 좀 멀지만 어쩔 수 없지.
파앗!

현상금을 노리는 탐정단이라 뭔가 세련된 이름 없을까?

그래! 바운티 헌터스 어때?
누나 마음대로 하세요.

*꿰뚫다 : 어떤 일의 내용이나 본질을 잘 알다.

어머낫~
큰일 났다.
왜 그래요,
누나?

실은 난 아직
포탈 마법을
쓸 줄 모르거든.

후후훗~
그런 거라면
걱정하지 마세요!
우우웅―
어디든지 가는
네비게이션과 무엇이든
통과하는 하이패스,
모든 걸 기억하는 블랙박스가
힘을 뭉쳤으니~

불가능은
없다고요!!
좌아악

뭐야? 여기가
아니잖아!!
여긴 어디?
휘이잉
제 잘못입니다.

휘이이잉

히말라야 옥룡설산
아래에 위치한
나시부족의 마을

나시부족은 중국 윈난성[雲南省]
북서부에 있는 나시족 자치현을
중심으로 거주하는 소수 민족으로
티베트어를 사용하며
농사를 짓고 가축을 기른다.

주술사인 톰바가
마을의 각종 행사를
진행한다.

타닥
탁ㅡ

으으음~

여기가 어디?
스르륵

혁~ 아름다운 천사가 보이는 걸 보니 천국으로 온 건가?
눈을 떴어요, 할아버지.

앗! 이제 정신이 들어요?

어디 보자.
히익?!
척-

까, 깜짝이야!!
다행이군. 죽진 않겠어.
벌떡

허억!
찌릿!!

허리가 너무 아파.
아직은 움직이지 않는 게 좋아요. 3일 정도는 누워 있어야 한대요.
털썩

자, 여기 앉으세요.
으으윽~ 고마워요. 이름이 어떻게 되세요?

양양이라고 해요. 올해 11살이고요.
찡긋!

아아~ 그럼 저랑 동갑이네요. 친하게 지내요.
이건 하늘이 주신 기회야.
딱!
허튼 생각하지 마.
크헉!

째릿!
조금만 더 늦었으면 큰일날 뻔했어요.
마을 입구에 쓰러져 있던 당신을 우리 할아버지가 데리고 왔어요.
아아~ 그러셨군요.

감사합니다, 어르신. 제가 몸이 회복되는 대로 나가서 이 마을을 확실히 *재개발시키겠습니다.

째리릿!
으음~

아, 제 얼굴에 뭐라도 묻었는지요?

내일 날이 밝는 대로 여길 떠나거라. 내일쯤이면 걸을 순 있을 게다.
갑자기 왜?!
휙—

네놈은 우리 마을에 어둠을 몰고 올 얼굴이야.
제가요? 그럴 리가…….
스윽
쿠궁!

*예지 : 어떤 일이 일어나기 전에 미리 앎.

*주술사 : 주술로써 재앙을 면하게 하는 힘을 지닌 사람.
*낙후 : 기술이나 문화 생활 따위의 수준이 일정한 기준에 미치지 못함.

혹시 이 마을의 위치가 어디쯤이죠? 히말라야 산맥이랑 가깝나요?
히말라야요?

그럼요, 이 마을은 히말라야 산맥에 있는 옥룡계곡에 위치해 있는걸요.

옥룡계곡 이라고요?!

사라진다!
쿠궁!
왜 그러세요?

옥룡계곡은 워터 마운트가 처음으로 들어서야 할 곳이다.
내가 중국 정부랑 *협상해야 할 곳 중에 첫 번째가 여기야.
우리의 계획대로 진행된다면 이 마을은…….

꺾은선그래프 그리고 나타내기

퀴즈 1

막대그래프로 나타내기 좋은 경우에는 '막대', 꺾은선그래프로 나타내기 좋은 경우에는 '꺾은선'이라고 (　　　) 안에 쓰세요.

(1) 학생별 가족 수　　　　　　　　　　　　　　(　　　　　　　　　)

(2) 월별 애거서의 수학 성적의 변화　　　　　　　(　　　　　　　　　)

퀴즈 2

김 비서님이 5달 동안 매월 1일에 잡무에 시달린 시간을 조사하여 표로 나타낸 것이에요. 물음에 답하세요.

월별 잡무에 시달린 시간

월	6	7	8	9	10
잡무에 시달린 시간	2	4	5	7	11

⑴ 세로 눈금 한 칸의 크기는 몇 시간으로 하는 것이 좋겠습니까?

(   )

⑵ 꺾은선그래프로 나타내시오.

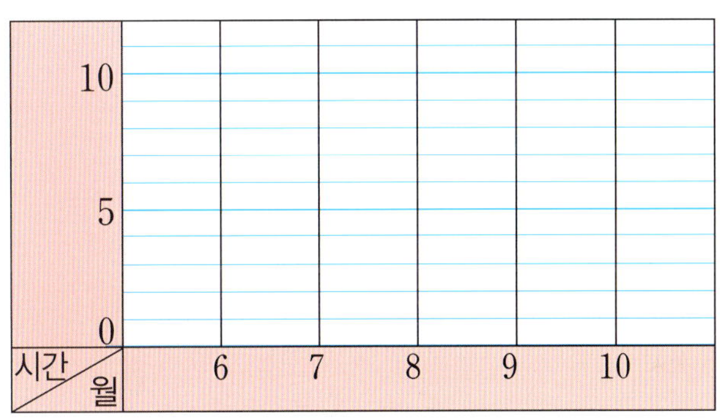

⑶ 9월 15일에 김 비서님이 잡무에 시달린 시간은 약 몇 시간입니까?

(   )

⑷ (   ) 안에 알맞은 말에 ○표 하시오.

> 김 비서님이 월별 잡무에 시달린 시간은 계속 (증가 , 감소) 하고 있으므로 11월에는 지금보다 (많은 , 적은) 잡무에 시달 릴 것입니다.

제3화
두 탐정단의 추리 대결 시작!

두둥!
엄청 높아!!

저기를 어떻게 넘어가지?

응? 셜록, 저게 뭐야?
응?

동굴이다!
휘이잉-

좋았어! 우리 저기서 잠깐 쉬었다 가자!
하하하~ 정말 다행이야! 눈보라를 피할 수 있게 됐잖아.
타앗─
설마 저 안에 곰이 살고 있는 건 아니겠지?
영화를 너무 많이 보셨네.
탁탁
탁─
탁탁─

까야아아악!!
저 괴물은 도대체 뭐야?!
후다다닥

사람 살려!!
빨리 도망쳐!
쿠워어어~
기다려요!
먹을 것을
나누어 줄게요.
쿵쿵
쿵-
다다다닷
털썩
꺄악!!
획-
스칼렛!

타얏

왓슨 오빠!
스칼렛을 건드리지 마!
척-

걱정 마! 스칼렛, 내가 구해 줄게!
조심해요!

잠깐만! 멈춰 봐요~

투웅!
나와라! 전자 실…….

으아아악!!
데굴
데굴

왓슨!
스칼렛!
깜짝!

으앗, 어서 피해!
따라오지 마!
후다닥

콰르르르ー

으아아~
살려 줘!!
파앗

으아아악~
데굴
데굴

꺄아악~!
콰르르르
사람 살려!!

한편, 눈덩이 내부 상황
오빠가 제 목숨을 구해 줬어요. 너무 고마워요~
뿅뿅─
그거야 뭐 탐정단 동료로서 당연한 거지.

콰아아악
누가 좀 멈춰 줘요!

척-
다들 날…….

왜 무서워하지?

오늘 저녁은 맛있는 버섯스프를 끓였는데.
스으윽

쿠웅!

나 오늘부터 오빠 여자 친구 할래요.
쑥스럽네!
스칼렛이 축농증이 있다고 했지. 왓슨은 정말 운이 좋구나.
뿡뿡!
우웩~ 차라리 똥을 싸!

그나저나 아까 그 괴물은 뭐였지?
거대한 몸집이 마치 곰 같기도 했어.

쫓아오진 않겠지?
휘이이잉

너희들은 누구냐? 이 산속 마을엔 웬일이냐?
깜짝이야!
척一

할아버지는 누구세요? 이 깊은 산속에서 나타나다니 혹시 귀…….
귀신이냐고?

*족장 : 부족의 어른이자 우두머리

* 실종 : 연락도 없이 갑자기 사라짐.

그 아이는 아침에 우리 부족의 마을 앞에서 구조되어 지금 휴식을 취하고 있다.
정말인가요? 그럼 으뜸이 있는 데로 저희를 좀 데려가 주시겠어요?
으뜸이가 여기 있대! 금방 찾아서 다행이야.
저벅
저벅
그러게. 아까 그 이상한 괴물 덕분인가?

따라오너라.
스윽
오늘따라 유난히 손님이 많구나. 우리 부족 마을에 온 걸 환영한다.

여기에서 기다리고 있거라.
척―
여기에 으뜸이가 있나요?

아니, 그 친구는 허리를 좀 다쳐서 안정을 취해야 돼. 올 수 있는지 물어봐야지.
아~ 그렇군요.

그럼 저희들은 여기에 들어가서 기다리고 있겠습니다.
스으윽

집은 낡았지만 잠시 추위를 피할 순 있을 게다.
감사합니다! 할아버지~

내 손녀 딸도 너희 *또래라서 그런지 나도 반갑구나.
씨익

*또래 : 비슷한 나이

두둥!
철컥

씨익-
마을의 안전을 위한 거야.

히말라야까지 왔지만 별 다른 문제없이 으뜸이를 구할 수 있으니 다행이다.
그러게. 이렇게 손쉽게 사건을 해결한 적은 없었던 것 같아.

잠시 후
휘이이잉

20분이 넘었는데 왜 이렇게 안 오시지?
밖에 나가서 한번 물어보자.

이게 왜 안 열리지?
왜 그래?
철컥
철컥

문이 잠겨 있어!
쿠궁!

아니! 이게 왜 잠긴 거지? 우린 잠근 적이 없는데……
밖에서 잠궜나 봐!
철컥
철컥
감자기 왜 우릴 가뒀지?

이봐요! 할아버지! 문 열어요!
쾅쾅

열어 줘요!!
쾅쾅!

이럴 수가!
그 할아버지가
우리를 속였어!
우린 아무것도
한 게 없는데
왜 우릴 가뒀지?
여기서
어떻게 나가면
좋을지……

아~ 저한테 한 가지
방법이 있긴 해요.
무슨 방법인데?

근데 조금 위험한
방법이라서요.
지금은 어느 정도
위험은 받아들여야 할
긴급한 상황인 것
같은데.

작은 소형 폭탄을
만들어서 이 건물에
구멍을 뚫는 거죠.
그중에서 메탄가스는
불과 만나면 폭발하는
성질을 가지고 있어요.
폭탄의 재료는
왓슨 오빠의 방귀 가스만
있으면 돼요. 방귀는
약 400가지의 가스로
가득 차 있는데요.
방귀
폭탄이라고?!

터벅
터벅

대체 옥룡계곡 마을은 어디에 있는 거야?
그곳 주민을 만나서 워터 마운트 사업에 관한 계약을 따내야 하는데.

하지만 사업을 진행하기도 전에 먼저 얼어 죽을 것 같아!
덜덜덜~

털썩
꺄아악!

으덜덜덜~
응?!

*개혁 : 제도나 기구 따위를 새롭게 뜯어고침.

*은신처 : 몸을 숨기는 곳.

탁탁―

여긴 어디지?
일어났소?
삘떡

으으음~

조금만 더 늦었어도 온몸이 얼어서 죽을 뻔했어요.
정말 감사합니다. 제 목숨을 구해 주셨군요.

이 따뜻한 열기가 얼마만인지 모르겠네요.

근데, 이 깊은 히말라야 산속을 혼자서 다니다니 제정신이오?

저는 옥룡설산 아래에 있는 옥룡계곡 마을을 찾고 있었습니다.

옥룡계곡이라면 내가 사는 나시부족이 있는 곳인데 무슨 일이죠?
네?! 나시부족이요?

아침에도 족장님이 안경 낀 어린아이를 한 명 데리고 왔던데 혹시 일행이에요?
어린아이요?

설마 그 꼬맹이가 살아 있는 건가?!
그렇게 되면 내가 계약을 진행할 수가 없잖아! 어떡하지?
끄응…
제 목숨을 살려 주셨으니 사실대로 말씀드리도록 할게요.
뭐를요?

실은 저랑 그 소년은 옥룡계곡 위에 만들 워터 마운트 계약을 위해 이 곳에 온 것입니다.
워터 마운트? 그게 뭐예요?

옥룡계곡의 강수량

	1	2	3	4	5
강수량(mm)	167	170	174	176	177

위의 꺾은선그래프를 보고 물음에 답하시오.

(1) (가)와 (나)의 세로 눈금 한 칸의 크기는 각각 몇 mm입니까?

(가) (   ), (나) (   )

(2) (가)와 (나) 중 강수량이 변화하는 모양을 뚜렷하게 나타낸 것을 쓰시오.

(   )

➡ 정답은 98쪽에

*친환경 : 자연을 오염하지 않고 그대로 보존하는 일.

Quiz 정답 (1) 10mm, 1mm (2) (나)

＊손 안 대고 코 풀기 : 아무런 노력 없이 이익을 얻음.

* 꿍꿍이셈 : 속으로 어떤 일을 꾸며 우물쭈물하는 속셈.

뭐야, 결국 현상금을 노리는 탐정단이란 소리잖아?
그게 아냐!

이봐, 아줌마~ 가만 보니 아주 수상한 느낌이 팍팍 드는데 내가 한번 맞춰 볼까?

혼자서 산에서 헤매다 쓰러진 걸 보니 뭔가 꿍꿍이셈이 있어서 온 것이겠고,
뜨끔!
신발 밑창이 매우 깨끗한 걸 보니 확실히 전문적으로 산을 오르는 사람은 아닌 것 같군.
시계는 여기랑 3시간 차이 나는 곳의 시각이 맞춰진 걸 보니 한국에서 온 거 같아.

대체 너희들 정체가 뭐야?!

게다가 SS그룹의 특공대라고 착각한 걸 보니 SS그룹에 속해 있는 직원이 틀림없어.
타앗

그러니까 당신은 오늘 행방불명됐다고 신고된 SS그룹의 비서가 확실해!
크허억!
따악!

너무 쉽게 찾았군……

으어어~
헤롱
헤롱

앗싸! 두 명 중에 한 명을 찾았어. 상금 10만 원 획득!
쩝—

10만 원이라니, 내 가치가 겨우 그 정도였어?
찰칵

찾았다는 증거를 남겨 둬야지. 나중에 SS그룹에 청구를 하려면……
꼭 이래야만 해요?

내가 누구 때문에 이러는데?!
아, 알았어요.
뻐럭!

*허드렛일 : 중요하지 아니하고 허름한 일.

이, 이게 뭐야?!
으아아아~
슈우우우...

쿨룩
쿨룩
아하하하~
방귀 가스가
좀 과했나 봐요.
내 몸 안에 있는
메탄가스가
이 정도일 줄은
몰랐어.

야! 거기서 그렇게
큰 방귀를 뀌면 어떡해!
좀 참았어야지.
미안해.
참을 수가 없었어.

방귀는 참으면
안 좋아요!

방귀는 우리 몸안에서 음식물이 소화되면서 생긴 가스를 말해요.
방귀의 주성분은 수소와 이산화탄소, 그리고 메탄가스예요.
방귀 가스는 고기와 같은 음식을 소화시킬 때 생겨요.
방귀를 참으면 가스가 찬다거나 속이 더부룩한 느낌을 받게 돼요.
이 가스들은 결국 소변이나 코, 입 등으로 나오게 되지요.
방귀를 참으면 두통이 생기거나 피부 문제를 일으킬 수도 있어요.
이처럼 참으면 병이 되는 방귀를 우주선 안에서는 그냥 뀌면 안 된대요.
방귀 속에 있는 성분들이 우주선 안에서 폭발할 수 있어요. 그래서 우주복에는 방귀를 흡수하는 기능이 있대요.

냄새 나는 방귀 얘긴 그만하고 어떻게 된 건지 말해라!

어떻게 되긴 뭐가 어떻게 돼요? 할아버지가 우릴 가뒀으니까 이렇게 됐죠!
버럭
으으~

우린 친구를 찾으러 왔을 뿐이라고요!
흥! 거짓말 하지 마라!

마을에 검은 기운을 몰고 올 운명을 가진 녀석의 친구들도 분명 마찬가지일 테지.

정말 으뜸이만 찾으면 된다니까요! 어디 있는지만 알려 주세요!

여봐라,
양양이 숙소에 가서
아침에 구한 그 소년을
데리고 오너라.
예, 족장님!

타앗

그 소년을 데려오면
바로 이 마을에서
사라지거라! 더 이상
사고 치지 말고!
알겠습니다.
걱정 마세요.

내 눈엔 훤히 보인다!
이 마을에 쏟아질 검은
기운들이……

족장님! 족장님!
큰일 났습니다!
다 다 닷

무슨 일이냐?

양양 아가씨와
그 소년이 모두
사라졌습니다!
두둥!

뭐라고?!
양양이 사라져?!
네, 숙소가
완전 엉망이
되어있더라고요.

타앗
양양아~!

으, 으뜸이도
사라졌다고요?!

탁탁 탁-

쿠궁!
완전히 난장판이잖아?!
이, 이럴 수가!!

털썩
안 돼~!!

소중한 아들도 잃었는데, 손녀마저 잃어버리다니!!

양양아~
내 하나밖에 없는
소중한 손녀야!!
너 없이
이 할아버지는
어떻게 살라고~!
엉엉~

음…….

셜록, 네가 무슨
생각하는지 알아.
뭐?!

이젠 정말 마음이
척척 들어맞는구나!
비록 우리들을 창고에 가둔
할아버지지만…….

파얏!
으뜸이와 사라진 손녀를
찾기 위해서 레인저 탐정단
출동 준비 완료!!

필요 없다!! 네 녀석들이 나타난 후부터 이 마을에서 사고가 생기기 시작한 거라고!
그러니 그냥 이대로 돌아가!!
아니에요. 저희들은 원래 탐정단이에요. 손녀를 찾아 드릴게요.
됐다니까!

후후훗~ 그렇다면 우리에게 맡겨 보시겠습니까?
응?

사건이 있는 곳이라면 어디든 달려가 사건을 해결하고 현상금을 받는…….
앗, 너는?!
파앗!

바운티
헌터스!!
Y!
X!
Z!
파앗!

어르신의 손녀는
저희가 바로
찾아 드리겠습니다.
척ㅡ
오오오~
공손한 데다가
뭔가 복장부터
믿음이 가는데.

어른한테 버릇
없게 구는 누구하곤
완전 딴판이군.
째릿
그, 그거야~
여보게~ 내 손녀를
꼭 좀 찾아 주게나.

* 선불 : 일이 끝나기 전에 미리 돈을 치름.

잠깐만요!
척-

SS그룹의 나으뜸 군의 실종 사건도 우리가 이미 접수했으니 손 떼세요.
짜안!

뭐라고요?!
후후훗~

당신들 대체 정체가 뭐예요? 갑자기 나타나선 현상금을 받는다느니…….

호호홋~ 우린 프로니까요. 한방에 사건을 해결하거든요.

뭐야, 이제 보니
돈을 노리고 다니는
현상금 사냥꾼이잖아?
빠직!
현상금 사냥꾼이
아니에요!

사건 해결의 프로!
바운티 헌터스라고요!
버럭!

잠깐, 지금 보니까
당신들 어디서 많이
본 것 같은데?
보, 보긴 어디서
봤다고 그래요?
뜨끔!

흐음~
이름이 뭐였지?
네비게이션……
아니라니까요.
우리는 바운티 헌터스!
네비게이션하고는
이름도 다르잖아요.

하긴 비슷한
사람은 많으니까~
다행이다.
휘유~

그럼 우린 사건의 단서를 찾을 테니 자리 좀 비켜 주세요.
파잇!
바운티 헌터스, 사건 조사 시작!

유심히

좋아, 좋아!
이봐요, 그쪽은 단서 조사 안 해요?

난 그냥 매니저야~
털썩
흐억!

삐삐삐ㅡ

할아버지~
저런 식으로 조사하는데
사건 해결이 빨리
되겠어요?

파이팅!
야야야!!

방방ㅡ

집중 안 돼.

흐음~
그렇긴 하네.

에잇! 더 이상은
못 참아! 내 친구를
찾겠다는데 무슨 허락을
맡으란 말야!

어디 한번
시작해 볼까?

왓슨! 사건 현장
투시를 시작해!

삐리릭

파앗

얘들아, 이것 봐!
수상한 발자국이야.

뭐?!

여기 좀 봐!
엄청 거대한 발자국들이
찍혀 있어! 길이가
30 cm는 넘겠는데?
두둥!

그거 혹시,
예티 아닐까요?
예티?!

예티(Yeti)는 티벳이나
히말라야에 산다고 알려진
미확인 동물로 키는 1.5~2 m
사이이며 온몸이 긴 털로 덮여 있고
윗머리가 솟아 있다고 해요.
지난 1951년에
처음 30 cm에 이르는
발자국을 발견하면서
화제가 됐죠.
하지만 단지
전설이라는
얘기도 있어요.

우리가 아까
산에서 본 괴물하고
방금 말했던 이미지랑
비슷하잖아?
그러네요.
무슨 소리냐?
너희들이 예티를
봤단 말이냐?

어디서 봤느냐! 어디서?!
그게 정확히는 모르겠어요.
무슨 동굴 같은 곳이었는데 그게 어딘지는…….
후다닥

왓슨, 이리 와서 이 털 좀 분석해 줘.

이건 회색이고 털 속에 공기층이 많은 걸로 봐서 곰의 털 같은데?
두둥!
곰의 털 속에는 공기층이 있어서 추위를 막아 주거든.
곰이 들어와서 난장판으로 만든 거야? 그럼 으뜸이와 양양은 어디로 간 거지?

아냐, 이건 *밀실 범죄야.
밀실 범죄?!

*유도 : 사람을 어떤 장소로 이끎.

본격적인 추리 대결 시작! 누가 양양과 으뜸이를 찾을 수 있을까요?

퀴즈 1

레이첼이 어린 나에게 자꾸 돈을 벌어 오라고 해요. 레이첼이 월별 쓴 돈을 조사하여 나타낸 그래프를 보고 물음에 답하세요.

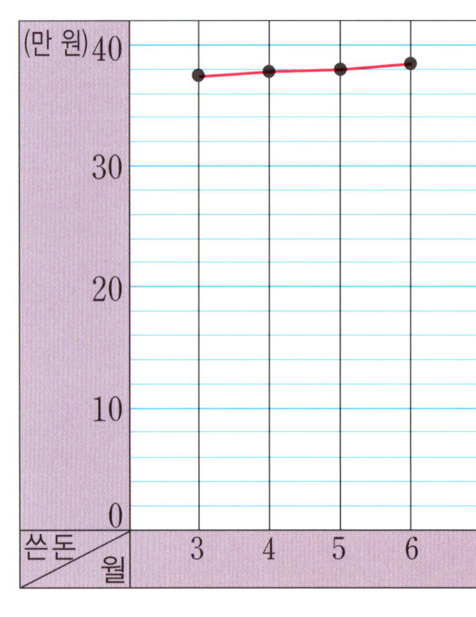

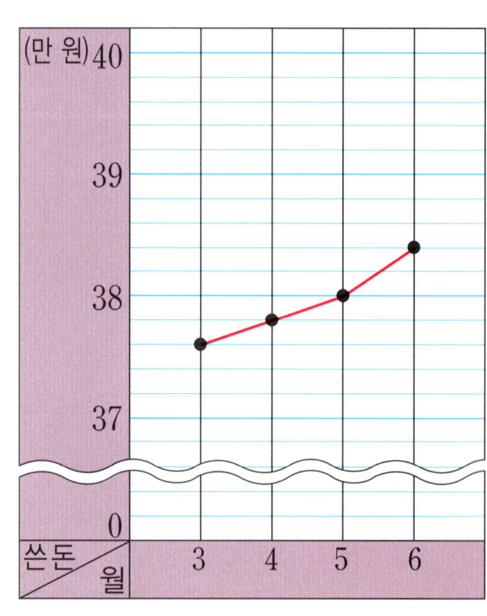

① (가)와 (나)의 세로 눈금 한 칸의 크기는 각각 얼마입니까?

(가) (   )

(나) (   )

② (가)와 (나)와 중 레이첼이 쓴 돈이 변화하는 모양을 뚜렷하게 나타낸 것은 어느 것입니까?

(   )

⑶ 3월부터 6월까지 레이첼이 쓴 돈은 점점 (늘어나고 , 줄어들고) 있습니다.

⑷ 레이첼이 쓴 돈의 변화가 가장 큰 때는 몇 월과 몇 월 사이입니까?

(   )

퀴즈 2

레이첼은 루팡의 충고를 받아들여 돈을 아껴 쓰게 되었어요.
레이첼이 월별 쓴 돈을 조사하여 물결선을 사용한 꺾은선그래프로
나타내려고 해요. 다음 그래프에 물결선을 그리세요.

월별 레이첼이 쓴 돈

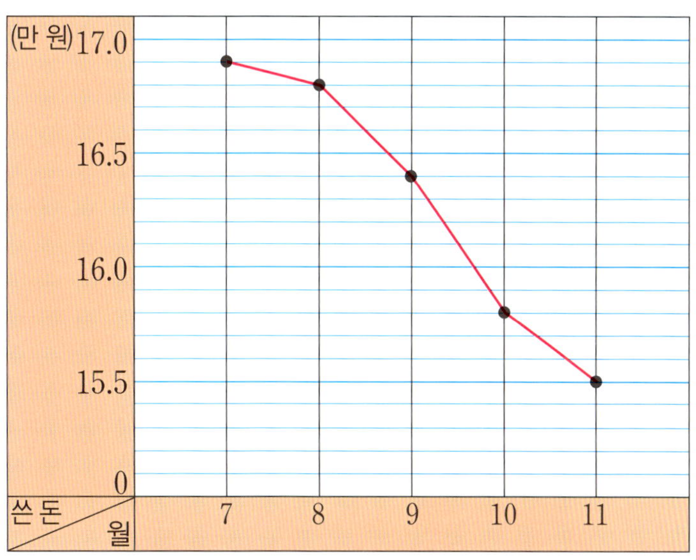

개념 스토리 1 꺾은선그래프

 매달 1일 김 비서의 몸무게를 나타낸 막대그래프입니다. 물음에 답하시오. (1~2)

김 비서의 몸무게

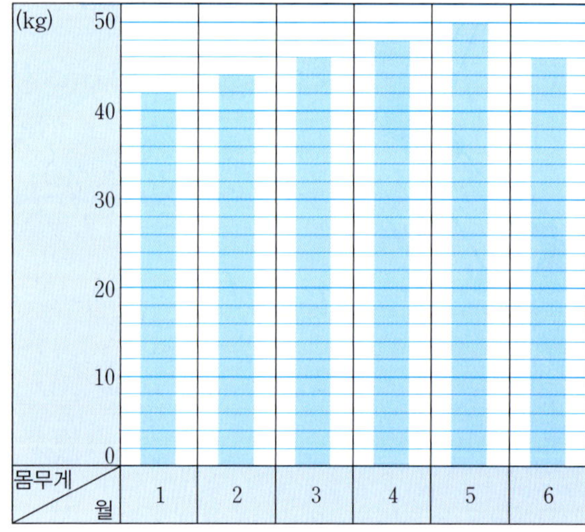

1 막대그래프를 보고 김 비서의 몸무게를 표로 나타내시오.

김 비서의 몸무게

월	1	2	3	4	5	6
몸무게(kg)						

2 각 막대의 윗쪽 끝 부분에 점을 찍고 그 점들을 선분으로 연결하여 꺾은선그래프로 나타내시오.

으뜸이가 여행한 옥룡설산의 온도를 조사하여 나타낸 꺾은선그래프입니다. 물음에 답하시오. (**3~4**)

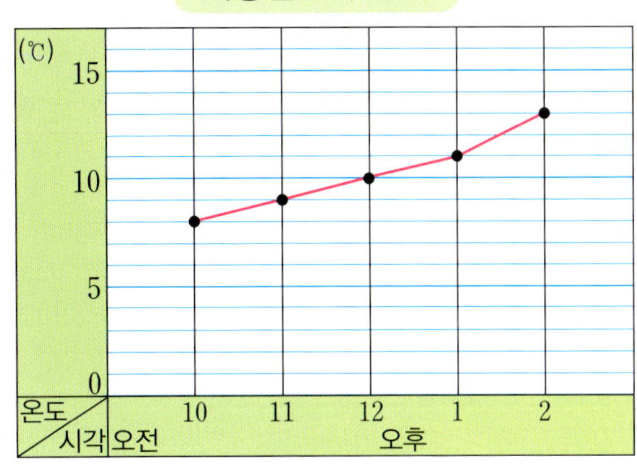

옥룡설산의 온도

3 오후 1시에 옥룡설산의 온도는 몇 도입니까?　　　　　(　　　　　　)

4 오후 1시 30분에 옥룡설산의 온도는 약 몇 도입니까? (　　　　　　　)

개념 스토리 2　꺾은선그래프 그리기

꺾은선그래프를 그릴 때에는 가로 눈금과 세로 눈금이 만나는 자리에 점을 찍고, 점들을 선분으로 연결합니다.

5 꺾은선그래프를 그릴 때 점은 반드시 선분으로 잇고, 순서에 맞게 차례로 이어야 합니다. 알맞은 꺾은선그래프의 모양에 ○표 하시오.

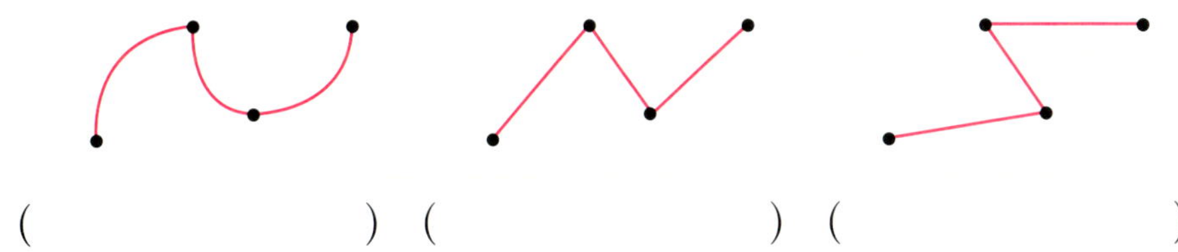

(　　　　　　) (　　　　　　) (　　　　　　)

으뜸이의 줄넘기 횟수를 조사하여 나타낸 표입니다. 물음에 답하시오. (**6~8**)

으뜸이의 줄넘기 횟수

요일	월	화	수	목	금	토
횟수	12	14	19	20	23	25

6 위의 표를 보고 꺾은선그래프로 나타내시오.

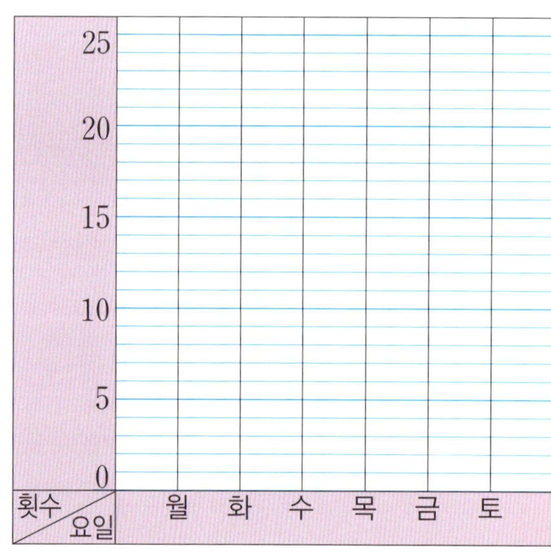

으뜸이의 줄넘기 횟수

7 줄넘기 횟수가 전날에 비해 가장 많이 늘어난 요일은 언제입니까?⋯⋯⋯(   )

① 화요일   ② 수요일   ③ 목요일

④ 금요일   ⑤ 토요일

8 으뜸이는 금요일에는 목요일보다 줄넘기를 몇 회 더 많이 했습니까?

(   )

개념 스토리 3 · 물결선을 사용한 꺾은선그래프

🌱 으뜸이는 중국인들에게 최신 휴대폰을 판매하려고 합니다. 월별 휴대폰 판매량을 조사하여 나타낸 꺾은선그래프입니다. 물음에 답하시오. (**9~10**)

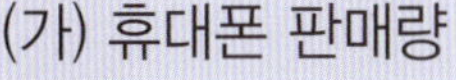

(가) 휴대폰 판매량　　　　(나) 휴대폰 판매량

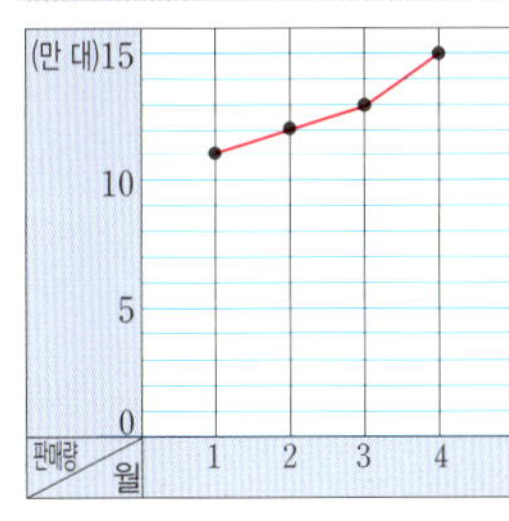

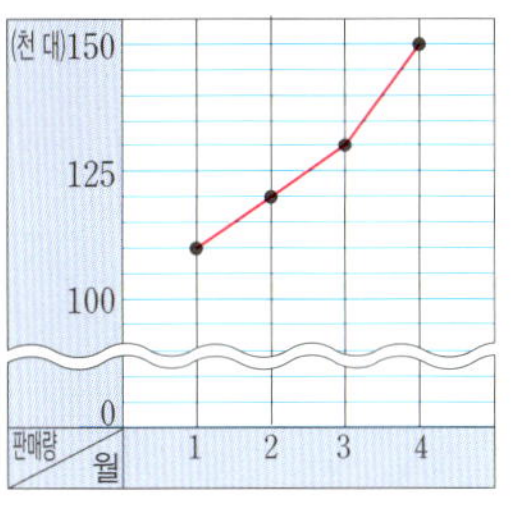

9 (가)와 (나)의 세로 눈금 한 칸의 크기는 각각 몇 대입니까?

(가) (　　　　　　　　　), (나) (　　　　　　　　　)

10 (가)와 (나) 중 판매량이 변화하는 모양을 뚜렷하게 나타낸 것을 쓰시오.

(　　　　　　　　　)

 난방기의 판매량을 나타낸 표입니다. 물음에 답하시오. (11~13)

난방기 판매량

날짜	1	2	3	4
판매량(대)	51	53	55	58

11 그래프를 그리는 데 꼭 필요한 부분은 몇 대부터 몇 대까지입니까?

(   )

12 그래프를 그릴 때 세로 눈금 한 칸에 대한 크기를 작게 잡고, 필요 없는 부분을 줄여서 나타내려면 무엇을 사용해야합니까?　　(   )

13 표를 보고 물결선을 사용한 꺾은선그래프로 나타내시오.

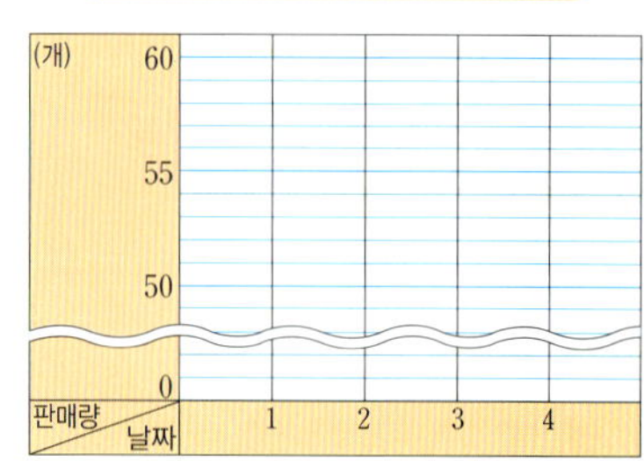

 **개념 스토리 4** 막대그래프 이용하기

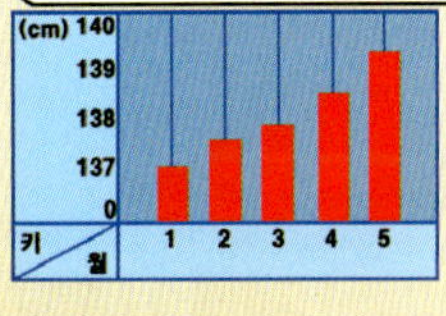

14 으뜸이가 나라별 휴대폰 판매량을 그래프로 나타내려고 할 때 알맞은 것은 꺾은선그래프와 막대그래프 중 어느 것입니까?

(   )

15 으뜸이가 날짜별 난방기 판매량을 그래프로 나타내려고 할 때 알맞은 것은 꺾은선그래프와 막대그래프 중 어느 것입니까?

(   )

TALK 

1 왼쪽 그림을 9조각으로 나누었습니다. 알맞지 않은 한 조각을 찾아서 ×표 하고,
빈 곳에 들어갈 조각의 번호를 써넣으시오. (단, 모양을 돌릴 수 있습니다.)

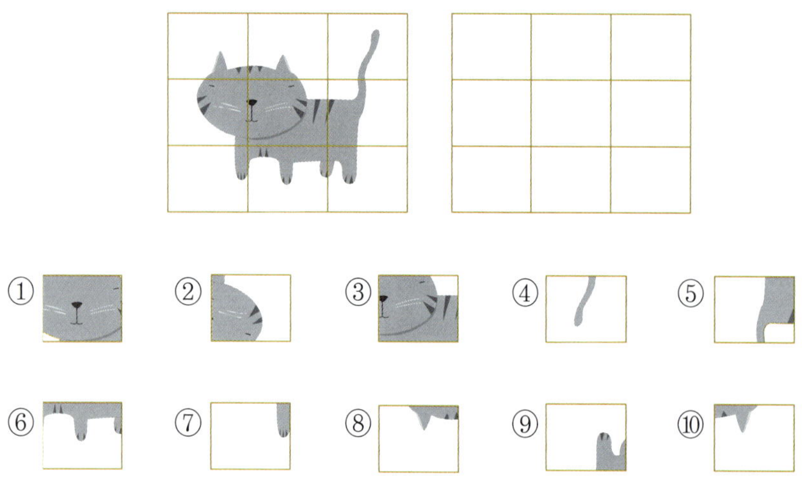

2 왼쪽 그림을 9조각으로 나누었습니다. 알맞지 않은 한 조각을 찾아서 ×표 하고,
빈 곳에 들어갈 조각의 번호를 써넣으시오. (단, 모양을 돌릴 수 있습니다.)

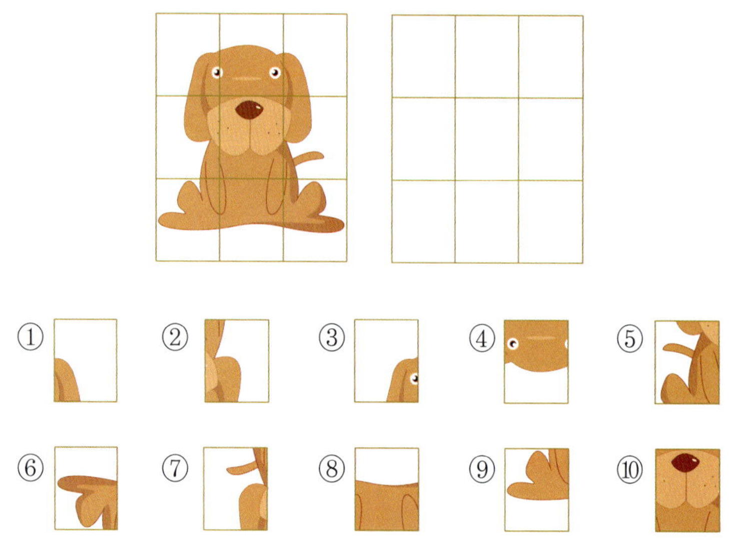

정답은 135쪽에

3 왼쪽 그림을 9조각으로 나누었습니다. 알맞지 않은 한 조각을 찾아서 ×표 하고, 빈 곳에 들어갈 조각의 번호를 써넣으시오. (단, 모양을 돌릴 수 있습니다.)

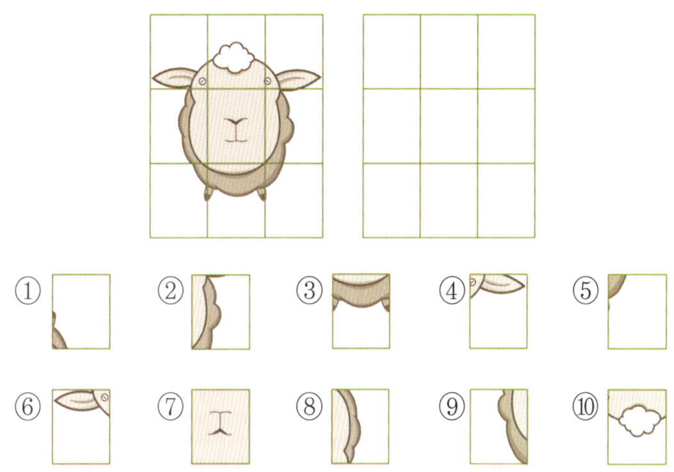

4 왼쪽 그림을 9조각으로 나누었습니다. 알맞지 않은 한 조각을 찾아서 ×표 하고, 빈 곳에 들어갈 조각의 번호를 써넣으시오. (단, 모양을 돌릴 수 있습니다.)

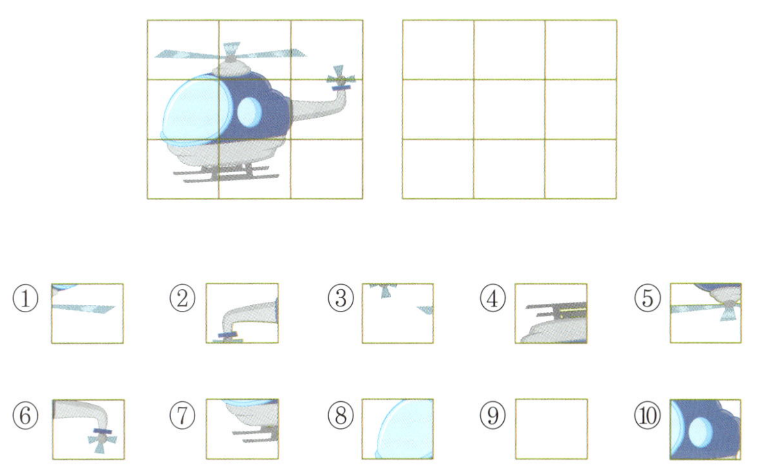

옥룡설산은 중국 서부에 위치한 고산으로 해발 5596m의 높이를 자랑하며 13개의 봉우리로 이루어져 있어요.
여기가 바로 서유기의 손오공이 갇혀 있었다던 옥룡설산인가?
두리번
두리번

저기~ 나 좀 도와줄 수 있을까?
응?!

여기야~ 여기!
화들짝
히이익~ 돌에 깔려 있는 사람, 아니 원숭이?!

놀라지 마~ 난 서유기에 나오는 손오공이라고 해.
오승은이 지었다는 중국 명나라의 장편 소설, 서유기 속의 손오공이란 말이죠? 여긴 도대체 어떤 일로 계신…….

맞아. 서유기는 이 손오공 님의 영웅담이지!
아~ 도술로 천계의 질서를 망가뜨려 석가여래에게 잡혔다는 그 손오공 님이시군요.
씨익

응~ 그때의 전투는 정말로 굉장했었어!
옥황상제도 날 잡지 못해서 석가여래를 보내 날 잡게 만들었지.

*금고아 : 삼장법사가 손오공의 행동을 조절하기 위해 씌워 놓은 머리띠로 나쁜 행동을 할 경우에 머리띠가 조여 고통을 준다.

정답과 풀이

1화 개념 체크 38~39쪽

퀴즈 1
(1) (　) (◯)

(2) 막대그래프, 꺾은선그래프

퀴즈 2
(1)

연도별 차인 여학생 수

연도	2009	2010	2011	2012	2013
여학생 수	2	4	3	5	11

(2)

풀이

1 (2) 조사한 수를 막대 모양으로 나타낸 그래프를 막대그래프, 연속적으로 변화하는 양을 점으로 찍고 그 점들을 선분으로 연결하여 나타낸 그래프를 꺾은선그래프라고 합니다.

2 (1) 막대그래프의 세로 눈금 한 칸의 크기는 1명입니다.

2화 개념 체크 74~75쪽

퀴즈 1
(1) 막대 (2) 꺾은선

퀴즈 2
(1) 1시간

(2)

월별 잡무에 시달린 시간

10
5
0
시간
월
6 7 8 9 10

(3) **예** 약 9시간

(4) (증가 , 감소), **예** (많은 , 적은)

풀이

1 자료의 양을 비교할 때는 막대그래프, 자료의 변화 정도를 알아볼 때에는 꺾은선그래프로 나타내는 것이 좋습니다.

2 (3) 9월 1일과 10월 1일 사이에 4시간이 늘었으므로 그 기간의 절반 정도인 9월 15일에는 약 2시간이 늘어서 약 9시간 시달린 것입니다.

(4) 잡무에 시달린 시간이 계속 증가하고 있습니다.

3화 개념 체크 122~123쪽

퀴즈 1
(1) 2만 원, 2000원

(2) (나)

(3) (늘어나고 , 줄어들고)

(4) 5월과 6월 사이

퀴즈 2

월별 레이첼이 쓴 돈

(만 원) 17.0
16.5
16.0
15.5
0
쓴 돈
월
7 8 9 10 11

풀이

1 (1) (가) 그래프는 세로 눈금 5칸이 10만 원이므로 눈금 한 칸의 크기는 10÷5=2(만 원)이고, (나) 그래프는 눈금 5칸이 만 원이므로 눈금 한 칸의 크기는 10000÷5=2000(원)입니다.

(2) 쓴 돈이 변화하는 모양을 뚜렷하게 알아볼 수 있는 그래프는 (나) 그래프입니다.

⑶ 꺾은선이 위로 향하고 있으므로 쓴 돈은 점점 늘어나고 있습니다.

⑷ 꺾은선의 기울기가 가장 많이 기울어진 때는 5월과 6월 사이입니다.

2 155000원부터는 꼭 필요하므로 155000원 밑부분까지 물결선으로 나타내면 됩니다.

스토리텔링 문제　124~129쪽

1　42, 44, 46, 48, 50, 46

2

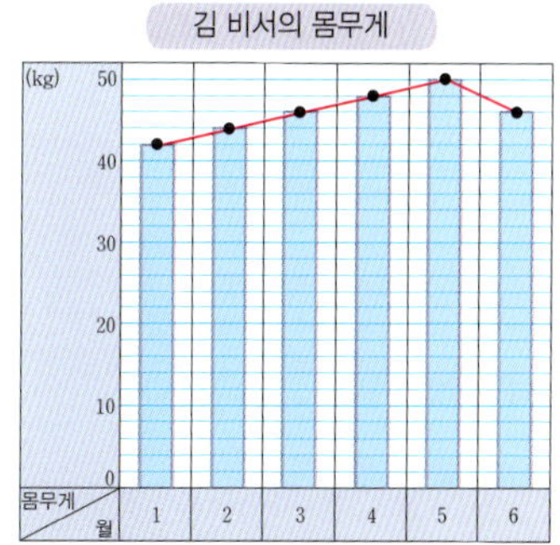

3　11 ℃　　　**4**　〈예〉 약 12 ℃

5　(　　)（ ○ ）(　　)

6

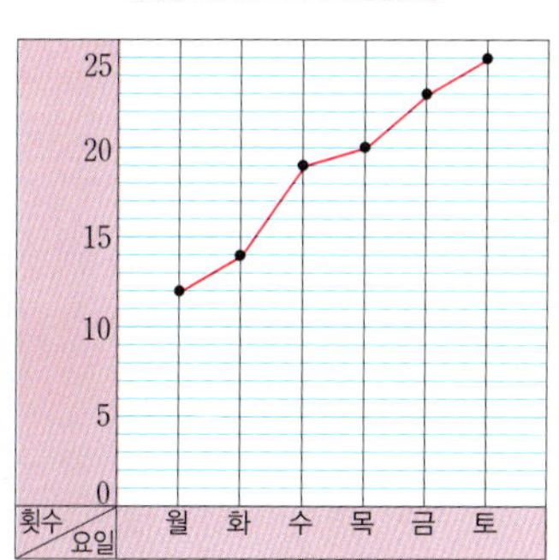

7　②　　　　　**8**　3회

9　만 대, 5000대　**10**　(나)

11　51대부터 58대까지

12　물결선

13

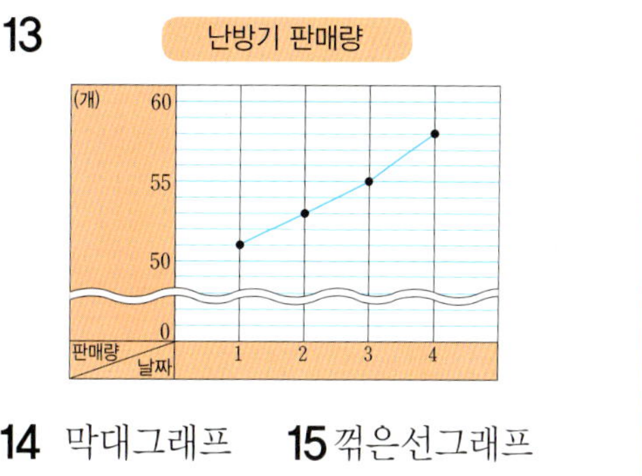

14　막대그래프　　**15**　꺾은선그래프

풀이

1　세로 눈금 한 칸은 2 kg입니다.

4　오후 1시의 온도는 11 ℃이고, 오후 2시의 온도는 13 ℃이므로 오후 1시 30분은 그 중간값인 약 12 ℃입니다.

7　줄넘기의 기울기가 가장 많이 올라간 때는 화요일과 수요일 사이입니다.

8　금요일은 23회, 목요일은 20회이므로 금요일에는 목요일보다 23−20=3(회) 더 많이 했습니다.

10　물결선을 사용한 꺾은선그래프는 변화하는 모양을 더 뚜렷하게 알 수 있습니다.

15　시간에 따라 변화하는 양을 그래프로 나타낼 때에는 꺾은선그래프가 알맞습니다.

두뇌킹 퀴즈　130~131쪽

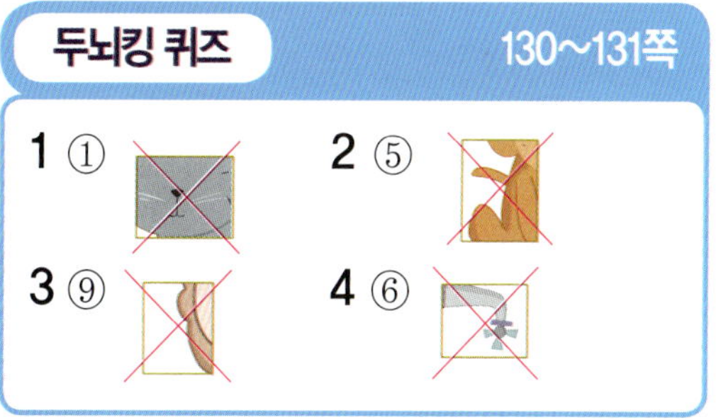

1 ①　　　**2** ⑤
3 ⑨　　　**4** ⑥

풀이

1~4　오른쪽 ①~⑩번 조각을 여러 방향으로 돌려 보고 왼쪽 그림의 조각들과 맞춰 봅니다.

1:1 맞춤학습의 해결사

해법수학교실

<table>
<tr><td rowspan="3">새 교과서
전용교재,
해법수학교실</td><td>• 6단계 교재와 7단계 평가 시스템</td></tr>
<tr><td>• 스토리텔링 수업 교재</td></tr>
<tr><td>• 토론 & 발표 수업</td></tr>
</table>

<table>
<tr><td rowspan="3">1:1 맞춤
온라인서비스,
U key</td><td>• 학습자의 수준에 맞춘 1:1 수학 클리닉 시스템</td></tr>
<tr><td>• 선행·심화를 위한 유명강사의 전문항 강의</td></tr>
<tr><td>• 난이도별로 자동 출제되는 문제 출제 마법사</td></tr>
</table>

상담문의 **02-857-3200** www.hbmath.co.kr

해법수학교실